FORSCHUNGSBERICHTE DES LANDES NORDRHEIN-WESTFALEN

Nr. 2025

Herausgegeben im Auftrage des Ministerpräsidenten Heinz Kühn
von Staatssekretär Professor Dr. h. c. Dr. E. h. Leo Brandt

Dr. rer. nat. Wolfgang Stein

Dipl.-Phys. Siegfried Hobe

Institut für textile Meßtechnik M.Gladbach e. V., Mönchengladbach

Die Wirkungsweise von Fadenbremsen beim Verarbeiten von Endlosgarnen

SPRINGER FACHMEDIEN WIESBADEN GMBH 1969

ISBN 978-3-663-20089-5 ISBN 978-3-663-20449-7 (eBook)
DOI 10.1007/978-3-663-20449-7

Verlags-Nr. 012025

Ursprünglich erschienen bei Westdeutscher Verlag GmbH, Köln und Opladen 1969

Gesamtherstellung: Westdeutscher Verlag

Inhalt

1. Allgemeine Betrachtungen

Bei der Verarbeitung in Zwirnerei, Spulerei, Webereivorbereitung, Weberei, Strickerei und Wirkerei wird ein Faden unterschiedlich hohen Zugbeanspruchungen unterworfen. Erreichen die wirksamen Fadenzugkräfte die Reißkraft des Materials, so kommt es zu Fadenbrüchen. Das Bedienungspersonal wird dann veranlaßt sein, durch geeignete Maßnahmen (Verminderung der Arbeitsgeschwindigkeit, Änderung der Fadenführung, andere Einstellung der Fadenbremsorgane) zu versuchen, die mittlere Zugkraft bzw. ihr überlagerte Kraftspitzen herabzusetzen.

Veränderungen der Fadeneigenschaften können bereits eintreten, wenn die auf den Faden ausgeübten mittleren Zugkräfte oder diesen überlagerte Kraftspitzen unterhalb der Reißkraft liegen. Ergeben sich dabei plastische Verformungen, oder werden Fadendehnungen, die sich bei anschließender Entlastung elastisch zurückbilden würden, durch Lagerung auf harten Spulenkörpern »blockiert«, so läßt sich eine solche Veränderung gegenüber dem Ausgangsmaterial beispielsweise mit einer Kraft–Dehnungs-Messung nachweisen. In diesem Zusammenhang ist darauf hinzuweisen, daß sich derartige Einflüsse häufig nicht in den Reißkraft- und Reißdehnungswerten, dagegen aber in den unteren Dehnungsbereichen der Kraft–Längenänderungs-Kurve zeigen. Während sich bezüglich des Verhaltens bei der Weiterverarbeitung hieraus zunächst kaum Nachteile ergeben, können in den aus solchen Fadenmaterialien hergestellten Flächengebilden störende Glanzeffekte oder Stellen unterschiedlicher Anfärbbarkeit auftreten [1].

Einer Verminderung der für bestimmte Arbeitsprozesse anzuwendenden Fadenspannungen sind Grenzen durch verschiedene Faktoren gesetzt: Spulenkörper gegebener Größe sollen im allgemeinen möglichst viel Fadenmaterial aufnehmen. Das bedingt eine entsprechend große Packungsdichte, die nur durch die Anwendung relativ hoher Aufwindekräfte zu erreichen ist. Insbesondere bei Schußcops kommt es darauf an, den Spulenkörper abschlagfest zu machen um zu vermeiden, daß sich beim raschen Fadenabzug ganze Fadenlagen ablösen. Bei bestimmten Arbeitsvorgängen zu locker geführte Fäden werden unter Umständen unerwünschte Fadenballons bilden, die wiederum an Maschinenteilen anschlagen und dadurch eine übermäßig hohe Reibung erfahren.

Eine Fadenbremsung und damit die Einstellung der gewünschten Fadenzugkraft läßt sich durch den Einsatz von Bremsorganen an den Produktionsmaschinen [2–5] erreichen. Nach den obigen Überlegungen ist an eine Fadenbremse die Forderung zu stellen, daß sie eine weder zu hohe noch zu niedrige, möglichst gleichbleibende Zugkraft erzeugt, die auch unabhängig von Schwankungen der Zulaufkraft ist. Wieweit die heute in der Textilindustrie üblichen Fadenbremsen diesem Ideal nahekommen, sei an Hand der verschiedenen Bremsentypen im folgenden kurz erläutert:

Die Teller- oder Scheibenbremse (Abb. 1) besteht aus zwei aufeinanderliegenden, durch ein Gewicht, eine Feder oder einen Magnet belasteten Tellern bzw. Scheiben, zwischen denen der Faden hindurchgeführt wird. Im allgemeinen ist den Tellern Gelegenheit gegeben, beim Durchgang des Fadens mit geringer Frequenz zu rotieren, so daß Verschmutzungen selbsttätig wieder entfernt werden. Die meisten Tellerbremsen besitzen einen zentralen Führungsstift, der die Bremsteller aufnimmt und der außerdem eine exakte Führung des Fadens gewährleistet.

Die Umschlingungsbremse wird im einfachsten Fall durch einen vom Faden unter einem bestimmten Winkel umschlungenen Stift (Abb. 2a) dargestellt. Eine Erweiterung dieses Prinzips führt zur sogenannten Gitter-, Finger- oder Klauenbremse, bei welcher der Faden um mehrere Stifte geführt ist (Abb. 2b). Häufig werden Bremsen verwendet, die auf einer Kombination von Teller- und Umschlingungsbremsung beruhen (Abb. 2c).

Kompensationsbremsen zum Ausgleich von Zugkraftschwankungen arbeiten nach einem der vorstehend geschilderten Systeme und werden entweder mechanisch oder elektrisch gesteuert [6]. Eine einfache Gitter-Kompensationsbremse ist in Abb. 3 dargestellt. Zwei Reihen von Umlenkstiften sind parallel angeordnet, wobei eine Gewichtsbelastung beide Reihen gegeneinanderdrückt. Durch ein Ansteigen der Einlaufzugkraft S_1 werden die Stifte gegen die Gewichtsbelastung auseinanderbewegt und die Umschlingungswinkel verkleinert. Die Kraft hinter der Bremse erfährt somit keine bzw. nur eine relativ geringe Erhöhung. Der umgekehrte Fall tritt bei einer Erniedrigung von S_1 ein.

In einer Rotationsbremse wird der Faden ohne Schlupf über einen drehenden Körper geführt, der magnetisch oder durch mechanische Reibung entgegen seiner Drehrichtung eine Bremsung erfährt (Abb. 4).

Die Größe der Reibkraft (R) in der Tellerbremse hängt vom Reibungskoeffizient μ zwischen dem Faden und den Tellern sowie von der Höhe der Anpreßkraft der Teller (N) ab. Bei gegebener Einlaufzugkraft S_1 errechnet sich die Ablaufzugkraft S_2 zu

$$S_2 = S_1 + 2R$$

$$R = \mu N \qquad \text{(Coulomb'sches Reibungsgesetz)}$$

Die Reibkraft addiert sich zu der Einlaufzugkraft. Die Wirkungsweise der Tellerbremse wird aus diesem Grunde als additiv bezeichnet. Dieses Gesetz für die Festkörperreibung gilt allerdings für Textilfäden nur bedingt, da hier eine Mischreibung aus Festkörper- und Flüssigkeitsreibung vorliegt, bei welcher der Reibungskoeffizient keine Konstante ist. Tatsächlich besteht daher in diesem Fall zwischen der Reibkraft und der Tellerbelastung kein linearer Zusammenhang [7]. Da Tellerbremsen die Eigenschaft haben, die Drehung eines Fadens aufzuschieben bzw. bei ungedrehten Endlosfäden Schlingen einzelner Elementarfäden zu erzeugen, ist es zweckmäßig, die Tellerbelastung nicht zu hoch zu wählen [8]. Zur Erzielung der notwendigen Bremskraft werden in einer Bremse meist zwei oder mehr Tellerpaare hintereinander angeordnet, wobei jedes einzelne eine relativ geringe Belastung besitzt.

Läuft der Faden nicht wie bei der Tellerbremse über eine ebene, sondern über eine gekrümmte Fläche, so muß für eine theoretische Behandlung auf der Basis des Coulomb'schen Gesetzes die gekrümmte Fläche in ebene Flächenelemente aufgeteilt und das Gesetz in die differentielle Schreibweise überführt werden. Daraus folgt die für Umschlingungsbremsen gültige Eytelweinsche Formel

$$S_2 = S_1 e^{\mu\alpha}$$

α = Umschlingungswinkel, e = Basis des nat. Logarithmus

Für eine Gitterbremse mit mehreren gegeneinander versetzten Fadenführungsstiften gilt

$$S_2 = S_1 e^{\mu\Sigma\alpha}$$

wobei $\Sigma\alpha$ die Summe der Umschlingungswinkel an allen Gitterstäben ist. Die Arbeitsweise von Umschlingungsbremsen kann als multiplikativ bezeichnet werden, da sich die Ablaufzugkraft bei konstantem Reibungskoeffizienten und Umschlingungswinkel proportional zur Einlaufkraft verändert.

Schwieriger gestaltet sich die Berechnung bei kombinierten Teller–Umschlingungs-Bremsen. So ist zum Beispiel bei dem in Abb. 2c gezeigten Typ [9]

$$S_2 = [(S_1 e^{\mu\alpha_1} + 2\,\mu N_1)\, e^{\mu\alpha_2} + 2\,\mu N_2]\, e^{\mu\alpha_3} + 2\,\mu N_3$$

wobei α_i die Umschlingungswinkel und N_i die entsprechenden Anpreßkräfte der drei Tellerbremsen sind.

Auch bei der Umschlingungsreibung zeigt sich, daß die Eytelweinsche Formel nicht exakt gilt. Es hat daher in der Vergangenheit nicht an Versuchen gefehlt, neue Gesetze zu finden, welche die Zusammenhänge zwischen der Reibkraft, den Parametern des Reibkörpers bzw. der Bremse, der Kraft im zulaufenden Faden und anderen Größen genauer beschreiben. In den meisten der in der Literatur bekannten Arbeiten wird von den klassischen Reibungsgesetzen ausgegangen und versucht, den Reibungskoeffizient als Funktion der verschiedenen Einflußgrößen zu bestimmen [7].

Allein die Rotationsbremse [10] ist nicht von den Schwierigkeiten bei der Ermittlung des Reibungskoeffizienten Faden/Reibkörper berührt. Die Bremskraft (B) an der umlaufenden Fadenrolle hängt nur von der Einstellung der Bremse, das heißt der Höhe des Bremsmomentes, und von der Fadengeschwindigkeit ab. Sie geht wie bei der Tellerbremse als additives Glied bei der Berechnung der Ablaufkraft ein, und es gilt

$$S_2 = S_1 + B$$

Die Wirkung von Fadenbremsen läßt sich mit Hilfe von Fadenzugkraftmessungen überprüfen [11–14]. Erwünscht ist in der Praxis, wie schon einleitend gesagt, daß die Kraft hinter der Bremse möglichst konstant bleibt. Bei nichtkompensierenden Bremsen ist diese Aufgabe nicht zu verwirklichen, da praktisch immer Schwankungen der Einlauffadenzugkraft durch einen sich ändernden Ablaufwiderstand des Fadens von der Spule, den wechselnden Ballondurchmesser, unterschiedliche Reibeigenschaften, Dickstellen usw. gegeben sind. Aus der vergleichenden Betrachtung der Berechnungsgrundlage für die Teller- oder die Rotationsbremse einerseits und die Umschlingungsbremse andererseits ist leicht ersichtlich, daß die ersteren bezüglich der Übertragung der Spannungsschwankungen auf die Ablauffadenzugkraft der letzteren überlegen sind. Während eine gegebene Schwankung der Einlaufzugkraft bei der Umschlingungsbremse relativ zur Mittelkraft in der Ablaufzugkraft erhalten bleibt, kann sie bei einer Tellerbremse durch eine genügend hohe Belastungskraft N – ebenfalls relativ zur Mittelkraft – auf ein geringes Maß reduziert werden. Diese Aussage erfährt allerdings dadurch eine Einschränkung, daß auch Teller- oder Rotationsbremsen häufig mit einem vorgeordneten Umlenkstift oder einer Fadenführungsöse ausgerüstet sind. Bei kombinierten Teller–Umschlingungs-Bremsen richtet sich das Verhältnis der additiven zur multiplikativen Wirkung nach dem Umschlingungsgrad. Je größer dieser ist, desto stärker beeinflussen die Zugkraftänderungen vor der Bremse die Ablaufkraft.

Kompensationsbremsen bewirken einen weitgehenden Ausgleich von Zugkraftschwankungen nur dann, wenn diese mit einer verhältnismäßig kleinen Frequenz auftreten. Schnelle Fadenzugstöße lassen sich wegen der Trägheit der Bremsensysteme nicht unterdrücken [6].

Statt einer Vergleichmäßigung können durch Fadenbremsen unter Umständen auch zusätzliche Zugkraftschwankungen hervorgerufen werden. Dies geschieht dann, wenn bestimmte Elemente der Bremse ins Schwingen geraten. Ein bekanntes Beispiel ist das »Klirren« von Tellerbremsen, das durch Vibration der Bremsenteller entsteht. Weiterhin kann bei Tellerbremsen ohne Führungsstifte eine fortwährende Verlagerung des Fadens zwischen den Tellern eintreten. Da der »obere« Teller nicht nur auf dem Faden, sondern auch auf einer weiteren Stelle aufliegt, bewirkt eine Fadenverlagerung eine

Veränderung der Auflagekräfte, also auch der Normalkraft auf den Faden und damit der Bremskraft [8]. Manche Kompensationsbremsen schließlich erzeugen unerwünschte Fadenzugstöße, wenn der bewegliche Teil der Bremse ausgelöst durch eine plötzliche Änderung der Zulaufkraft zu stark ausschwingt.

2. Aufgabenstellung

Ziel der vorliegenden Arbeit war die Wirkungsweise von Bremsen, wie sie in der Praxis zum Spulen und Schären bzw. Zetteln von Endlosgarnen üblich sind, an einem Reyon- und einem Polyamid-Endlosgarn zu überprüfen. Hierfür standen verschiedene Teller-, Umschlingungs- und Rotationsbremsen zur Verfügung. Um störende Einflüsse zu vermeiden, sollte die Zugkraft nur (in Fadenlaufrichtung) hinter der Bremse ermittelt werden, wobei die mittlere Zulaufkraft entweder durch Verwendung einer geeigneten Vorrichtung völlig konstant zu halten oder – bei direktem Abziehen vom vorgelegten Spulenkörper – durch wiederholte Messungen zwischen den einzelnen Versuchen fortlaufend zu kontrollieren war.
Für die Beanspruchung von Fadenmaterialien bei der Verarbeitung sind nicht nur die mittleren Fadenzugkräfte, sondern auch die diesen überlagerten Fadenzugspitzen, welche die Mittelwerte weit übersteigen können, ausschlaggebend. Zur Bestimmung des Verhältnisses zwischen Spitzen- und Mittelkraft bestand daher die Notwendigkeit, das vom Kraftmeßkopf ausgehende Meßsignal gleichzeitig mit einem Schreiber mit niedriger und einem weiteren mit hoher Registriergeschwindigkeit aufzuzeichnen. Weiterhin sollte untersucht werden, wie die Bremskraft von der Fadengeschwindigkeit abhängt.
Bei der Überprüfung des vom Fadenmaterial selbst herrührenden Einflusses auf die Funktion der Bremsen interessierte insbesondere die Auswirkung der charakteristischen Änderungen der Oberflächeneigenschaften bestimmter Synthetikfäden in Streckcopaufmachung, die sich bei Reibungsprüfungen in periodischen Reibkraftschwankungen (SZ-Perioden) äußern [15, 16].
Zur Kontrolle des Einflusses von Fadenzugkräften auf ein Fadenmaterial sollte schließlich in Modellversuchen die Veränderung der Kraft–Dehnungs-Eigenschaften durch definierte Zugbeanspruchungen untersucht werden.

3. Geräte und Versuchseinrichtungen

Eine Prinzipskizze sowie ein Foto der gesamten Meßanlage zeigen die Abb. 5 und 6. Der Faden wird vom Spulenkörper direkt zur Fadenbremse geführt, erfährt dort entsprechend den Verhältnissen am Spulengatter vor bzw. in der Bremse eine Umlenkung um 90°, verläuft dann unter einem definierten Winkel über den Meßkopf der Kraftmeßeinrichtung (Textronograph, Bauart: Haase–Deyerling) und wird anschließend mittels einer Spulvorrichtung (Elfaspuler I, Textechno) aufgewunden. Die Arbeitsgeschwindigkeit der Spulvorrichtung ist kontinuierlich regelbar.
Wie schon in Abschnitt 2 erwähnt, erfolgte die Aufzeichnung der Meßwerte gleichzeitig

auf zwei verschiedenen Schreibgeräten. Dabei handelt es sich um einen relativ trägen Drehspulschreiber (Typ RM, AEG) und einen Tintenstrahloszillograph (Oscillomink, Siemens), der bei einer Schreibbreite von 25 mm eine Grenzfrequenz von ca. 500 Hz besitzt. Da die Eigenfrequenz des Meßkopfes bei etwa 1000 Hz liegt, ist eine genaue Ermittlung und Aufzeichnung von (sinusförmigen) Fadenspannungsschwankungen bis zu etwa 500 Hz gewährleistet.

Zur Eichung der Kraftmeßeinrichtung unter Berücksichtigung der Reibung des Fadens am Meßkopf wurde ein vor dem Kopf mit einem Gewicht belasteter Faden mit kleiner Geschwindigkeit in Fadenlaufrichtung durch den Meßkopf gezogen. Die Anzeige am Registriergerät entsprach somit einer Zugkraft im zulaufenden Faden in der Größe des angehängten Gewichtes.

Um Änderungen der Fadenzugkraft während der Versuche bzw. während des Spulenabbaues zu vermeiden, wurde in einem weiteren Versuchsaufbau ein Fadenspannungsausgleichapparat (Savi, Sarfati & Vischiani) [17] eingesetzt (Abb. 5–7). Der Faden läuft hier vom Spulenkörper zunächst zu dem Savi-Gerät und tritt von dort kommend in die Fadenbremse ein. Das Savi-Gerät findet in der Praxis hauptsächlich an Greifer- und schützenlosen Webmaschinen Verwendung. Es ermöglicht einen kontinuierlichen Ablauf von der Kreuzspule und vermindert die stoßartige Beanspruchung des Fadens beim Schußeintrag. Das Savi-Gerät besteht im wesentlichen aus einer einseitig konisch ausgebildeten Plexiglastrommel, dem Antriebsmotor und dem Kupplungssystem zwischen diesen beiden Komponenten. Beim Betrieb wird der von der Spule abgezogene Faden auf den konischen Teil der Plexiglastrommel aufgewunden und gleichzeitig auf der anderen Seite »über Kopf« abgezogen. Eine Photozelle regelt dabei den Lauf der Trommel bzw. die Magnetkupplung in der Weise, daß immer eine bestimmte Zahl von Fadenlagen auf der Trommel als Fadenreserve zur Verfügung stehen. Nur wenige Fadenmaterialien lassen sich bei höheren Geschwindigkeiten ohne Störungen in dieser Weise über das Savi-Gerät befördern. Für die meisten Garne ist es dagegen notwendig, den Ballon an der Trommel durch einen an dessen freiem Ende angebrachten, mit Drahtstiften besetzten sogenannten Dämpfungsring zu begrenzen. Eine solche Maßnahme führt allerdings zu einer Erhöhung der Fadenspannungsunruhe, das heißt der kurzzeitigen Fadenzugstöße. Günstiger ist in dieser Beziehung ein mit Plüsch ausgekleideter Ring.

Zur Bestimmung der Oberflächeneigenschaften von Polyamid-Endlosfäden wurden Reibkraftprüfungen mit einer Prüfmaschine vom Typ Dynagraph II (Textechno) durchgeführt. Für Kraft–Dehnungs-Messungen stand ein Zugprüfgerät Statigraph V (Textechno) zur Verfügung.

Die Abb. 8–14 zeigen die in den Versuchen eingesetzten Fadenbremsen. Sie sind im folgenden der Einfachheit halber mit Buchstaben bezeichnet (A–H).

Die mit Abb. 8 vorgestellte Bremsentype A arbeitet als Doppel-Tellerbremse. Der Faden wird am Bremseneingang um 90° umgelenkt und verläuft von dort in gerader Linie durch die beiden Tellerbremsen zur Ausgangsöse. Die Bremsenteller sind bei diesem Modell poliert. Eine weitere Bremse gleicher Bauart (B) war mit mattierten Bremstellern ausgerüstet.

Kombinierte Teller–Umschlingungs-Bremsen (C, D) zeigen die Abb. 9 und 10. Bei beiden Konstruktionen läßt sich der Fadenweg durch Versetzen der Tellerbremsen bzw. durch Einbeziehen von zwei zusätzlichen Umlenkstiften verändern. In den vorliegenden Untersuchungen wurden die in den Abbildungen gezeigten Einstellungen der Bremsen in allen Versuchen beibehalten.

Eine Gitterbremse (E) ist in Abb. 11 dargestellt. Die Bremskraft läßt sich durch Verschiebung der beiden Porzellangitter gegeneinander in weiten Grenzen verändern.

Bei einer weiteren Umschlingungsbremse (F), Abb. 12, wird der Faden schraubenförmig um einen Kunststoffzylinder geführt. Der Umschlingungsgrad ist durch Verdrehen der Rändelschraube zu variieren. Die Bremse wurde in den Versuchen so eingesetzt, daß die Fadenablenkung um 90° an einem in Fadenlaufrichtung vor der Bremse angeordneten Umlenkstift erfolgte.
Die Abb. 13 zeigt eine Rotationsbremse (G), bei der die Fadenrolle durch einen Elektromagneten gebremst wird. Die Erregung des Magneten läßt sich durch Veränderung der Speisespannung auf das gewünschte Maß einstellen. Der Faden wird vor der Fadenrolle um ca. 90° umgelenkt und erhält durch die Reibung eine Vorspannung, welche die sichere Mitnahme der Rolle gewährleistet.
Bei einer weiteren Rotationsbremse (H), Abb. 14, erzeugt ein Permanentmagnet das Bremsmoment. Die notwendige Umlenkung von 90° wurde hier durch eine vor der Bremse angeordnete Fadenführungsöse bewirkt.

4. Durchgeführte Untersuchungen

4.1 Versuchsplan

Für eine vergleichende Untersuchung aller Bremsen bei direktem Abzug von der Kreuzspule sowie beim Abzug über das Savi-Gerät wurde ein multifiler Reyon-Endlosfaden 66,6 f 18 dtex verwendet. Daneben stand ein multifiles Polyamid-Material 66,6 f 12 dtex – ebenfalls in Kreuzspulaufmachung – zur Verfügung, mit dem Messungen an einigen ausgewählten Fadenbremsen durchzuführen waren. Die Konstanz der mittleren Kraft beim Abziehen des Fadens über das Savi-Gerät wurde bereits an anderer Stelle gezeigt [17]. Für die Untersuchung ohne das Savi-Gerät war weiterhin nachzuprüfen, wieweit sich die Fadenzugkraft mit abnehmendem Spulendurchmesser verändert bzw. in welchen Grenzen mit einem Gleichbleiben der Kraft gerechnet werden konnte.
Die Meßdauer je Einzelversuch, während der die Aufzeichnung der Zugkraft hinter der Bremse mit dem erwähnten »trägen« Tintenschreiber erfolgte, betrug 3 Minuten. Die schnellen Fadenzugschwankungen wurden nur ausschnittweise registriert.
Die an der Spulvorrichtung eingestellten Fadengeschwindigkeiten betrugen 200, 400 und 600 m/min. Um eine Vergleichbarkeit der Meßergebnisse zu gewährleisten, war es notwendig, alle Bremsen so einzustellen, daß bei einer bestimmten Geschwindigkeit (400 m/min) die mittleren Bremskräfte etwa den gleichen Wert (10 p) besaßen.
Die Auswertung der Meßergebnisse wurde nach folgenden Gesichtspunkten vorgenommen: Maßgebend für die Wirkungsweise einer Bremse ist

1. Die relative Zugkraftschwankung im Faden hinter der Bremse

$$S = \frac{P_{\max} - P_{\min}}{P_m}$$

$P_{\max}$ = maximale Kraft
$P_{\min}$ = minimale Kraft
P_m = Mittelkraft

Als maximale und minimale Kraft wurde jeweils das Mittel aus den zehn höchsten bzw. den zehn niedrigsten Zugkraftwerten während einer Messung bestimmt. S ist ein

Maß dafür, wie stark die im zulaufenden Faden bereits vorhandenen Kraftschwankungen durch die Bremse übertragen werden bzw. wieweit die Bremse selbst solche Schwankungen erzeugt.

2. Die Geschwindigkeitsabhängigkeit

$$G = \frac{P_i}{P_{400}} \qquad i = 1, 2$$

$$P_1 \;\; = P_{400} - P_{200}$$
$$P_2 \;\; = P_{600} - P_{400}$$
P_{200} = Zugkraft bei der Fadengeschwindigkeit $v = 200$ m/min usw.

Die Geschwindigkeitsabhängigkeit wurde jeweils sowohl für die Mittelkräfte als auch für die Maximalkräfte bestimmt.
Bei den Versuchen mit Nylongarnen vom Streckcop – wiederum an einigen ausgewählten Bremsen – wurden nur Diagramme der mittleren Zugkraft aufgenommen, da es hier auf die Überprüfung größerer Längen ankam.

4.2 Ergebnisse

4.2.1 Garne von Kreuzspulen

Die Abb. 15 und 16 zeigen Originaldiagramme der Fadenzugkraft, die mit dem Oscillomink-Tintenstrahloszillograph beim Fadenabzug von der vorgelegten Reyon- bzw. Polyamid-Kreuzspule aufgenommen wurden. Die Diagramme geben die Zugkräfte bei den drei Geschwindigkeiten wieder, wobei der Abzug von der vollen Kreuzspule (Abb. 15) bzw. von der fast abgelaufenen Spule (Abb. 16) erfolgte. Die Fadenzugkräfte erreichen bei der höchsten Geschwindigkeit Maximalwerte von ca. 1 p. Dabei sind periodische Zugkraftschwankungen zu beobachten, die der Fadenverlegung auf der Kreuzspule entsprechen und deren Frequenz mit abnehmendem Spulendurchmesser zunimmt.
Wird die Veränderung der Fadenzugkraft während des gesamten Spulenabbaus verfolgt, so ergeben sich die mit Abb. 17 dargestellten Kurven. Daraus geht hervor, daß bei der großen Reyon-Kreuzspule eine merkliche Erhöhung der maximalen und ein leichter Rückgang der minimalen Zugkräfte erst bei Ablauf der letzten Fadenlagen eintritt. Bei den Versuchen, in denen der Faden direkt von der Kreuzspule zur Fadenbremse geführt wurde, lagen Kreuzspulen mit Durchmessern zwischen 115 und 140 mm vor. Wie sich auch aus zwischen diesen Messungen vorgenommenen Überprüfungen ebenso wie aus Abb. 17 ergab, ist die Fadenabzugskraft in dem genannten Durchmesserbereich praktisch konstant. Bei der kleineren Polyamid-Kreuzspule ließ sich auch am Ende des Spulenabbaus keine Erhöhung der Zugkraft feststellen.
Erwartungsgemäß fallen die Einflüsse der Fadenverlegung und des Spulendurchmessers beim Abzug des Fadens über den Savi (Abb. 18) fort. Dagegen werden von dem Plüschring Kraftschwankungen hervorgerufen, deren Breite und Frequenz wesentlich über denen beim Abziehen von der Kreuzspule liegen.
Die Veränderung der Fadenzugkraft durch Einschalten verschiedener Fadenbremsen ist aus den folgenden Abb. 19–21 ersichtlich. Hierbei fällt vor allem auf, daß die von der Fadenverlegung herrührenden Schwankungen der Fadenzugkraft im Einlauf durch die Umschlingungsbremse beträchtlich verstärkt werden, wenn der Abzug direkt von der Kreuzspule erfolgt (Abb. 20). Die hochfrequenten Kraftschwankungen beim Abzug

über Savi erscheinen andererseits bei der Umschlingungsbremse eher abgeschwächt. Den gleichmäßigsten Kraftverlauf bei allen drei Geschwindigkeiten ergibt die magnetische Rotationsbremse.

Abb. 22 zeigt die Ergebnisse von Fadenzugkraftmessungen an den Bremsen beim Abzug direkt von der Kreuzspule in Balkendiagrammform. Dabei bedeutet der strichlierte obere Teil jedes Balkens die Breite der Zugkraftschwankung, während der etwa in der Mitte liegende Querbalken die gemessene mittlere Zugkraft angibt. Unter der Bezeichnung 0 sind die Meßwerte geführt, die beim Abzug von der Kreuzspule ohne Einschaltung einer Fadenbremse ermittelt wurden. Sowohl zwischen den verschiedenen Bremsenarten als auch innerhalb der drei Meßwerte zu jeder Bremse bestehen zum Teil recht große Unterschiede. Hier ist insbesondere auf die starke Zunahme der mittleren Zugkraft und der Schwankungsbreite mit wachsender Geschwindigkeit bei den beiden Umschlingungsbremsen und das demgegenüber besonders gleichmäßige Verhalten der Rotationsbremse H hinzuweisen.

Wird der Faden über das Savi-Gerät abgezogen, so liegt die Zugkraft beim Einlauf des Fadens in die Bremse wesentlich höher (Abb. 23). Um die als Richtwert für alle Versuche vorgegebenen 10 p bei 400 m/min zu erreichen, kann daher die Bremswirkung sehr viel schwächer gewählt werden. Dies hat natürlich zur Folge, daß sich die charakteristischen Eigenschaften jeder Bremse weniger ausprägen.

Eine Betrachtung der relativen Zugkraftschwankungen (Abb. 24) zeigt die Unterschiede zwischen den einzelnen Bremsen beim direkten Fadenabzug noch deutlicher. Das wesentlich schlechtere Abschneiden der Rotationsbremse G gegenüber dem Typ H dürfte darauf zurückzuführen sein, daß die Reibung an dem Umlenkstift vor der Fadenrolle bei G bereits einen Großteil der Bremskraft erzeugt. Der Einfluß der eigentlichen Rotationsbremse ist daher gering, und die Gesamtwirkung entspricht mehr einer Umschlingungsbremse. Versuche mit größeren Bremskräften, bei denen der Anteil der Bremsung durch die Fadenrolle wesentlich höher lag, ergaben eine erheblich kleinere relative Zugkraftschwankung für die Bremse G.

Zwischen den beiden Bremsen A (polierte Bremsenteller) und B (mattierte Bremsenteller) zeigen sich praktisch keine Unterschiede. Dagegen liefern diese beiden Bremsen schlechtere Ergebnisse als die ähnlichen Bremsentypen C und D. Dies ist insofern überraschend, als sich rechnerisch leicht zeigen läßt, daß der Einfluß von Schwankungen der Zulaufkraft auf die Ablaufkraft unabhängig davon ist, ob die Fadenumlenkung vor (Bremse A, B) oder zwischen (Bremse C, D) den Einzel-Tellerbremsen stattfindet. Die gleiche Rechnung ergibt, daß sich Änderungen des Reibungskoeffizienten beim Bremsentyp C, D sogar etwas stärker auf die Ablaufkraft auswirken als bei A, B. Mitverantwortlich für das schlechtere Abschneiden der Bremsen A und B dürfte sein, daß wegen der weniger präzisen Fadenführung innerhalb der geschlitzten Führungsbolzen Verlagerungen des Fadens eintreten, die wiederum Schwankungen der Bremskraft im Sinne der in Abschnitt 1 gegebenen Erklärung hervorrufen. Eine einheitliche Tendenz besteht in Abb. 24 insofern, als bei beiden Umschlingungsbremsen die relative Schwankungsbreite der Fadenzugkraft mit zunehmender Geschwindigkeit abfällt, bei allen anderen Bremsen dagegen ansteigt.

Für die Versuche mit dem Savi-Gerät (Abb. 25) gilt, daß hier die Unterschiede zwischen allen Bremsen kleiner sind. Beide Umschlingungsbremsen vermindern den Einfluß der kurzen Fadenzugstöße, die von dem Plüschring herrühren. Entsprechend liegen auch die Werte der Rotationsbremse G, die, wie erwähnt, zum Teil den Charakter einer Umschlingungsbremse besitzt, günstiger.

Die Abhängigkeit der mittleren und maximalen Zugkräfte von der Fadengeschwindigkeit für den direkten Fadenabzug geht aus der Abb. 26 hervor. Hierin fallen die großen

Werte für die beiden Umschlingungsbremsen auf. Bei den Versuchen mit dem Savi-Gerät waren die Zugkraftänderungen mit steigender Geschwindigkeit dagegen so klein, daß eine entsprechende Darstellung in Diagrammform nicht mehr sinnvoll schien. Dies bedeutet, daß die Geschwindigkeitsabhängigkeit der Bremskräfte vor allem bei reiner Umschlingungsreibung im wesentlichen von der Größe der Änderung der Fadenzugkraft vor der Bremse und nicht von der Bremse selbst bestimmt ist.
Keine neuen Gesichtspunkte ergeben sich aus Untersuchungen an dem Nylongarn mit den drei Bremsen A, F und H. In den Diagrammen der Zugkräfte (Abb. 27) ist wieder auf die großen Unterschiede innerhalb der Meßwerte für die Umschlingungsbremse beim Fadenabzug von der Kreuzspule bzw. auf den weitgehenden Ausgleich bei Einsatz des Savi-Gerätes hinzuweisen. Auf eine Darstellung der relativen Schwankungsbreite und der Geschwindigkeitsabhängigkeit der Fadenzugkraft wurde hier verzichtet.

4.2.2 Garne von Streckcops

Wird ein Faden von einem Streckcop mit hoher Geschwindigkeit abgezogen, so entstehen Schwankungen der Fadenzugkraft infolge des periodisch wechselnden Abstandes zwischen Abwindepunkt und Fadenführungsöse sowie der unterschiedlichen Ablauf- bzw. Reibungsverhältnisse des Fadens am Spulenkörper [17, 18]. Jeweils am unteren Totpunkt der Fadenverlegung erscheint ein Kraftmaximum, das heißt zu dem Zeitpunkt, an dem der Ballon am größten ist. Bei der Überprüfung von Fadenbremsen in Verbindung mit Fäden von Streckcops ist noch ein weiterer Faktor, nämlich das Auftreten von Änderungen der Fadenoberflächenbeschaffenheit, zu beachten. Die meisten Streckzwirnmaterialien zeigen bei einer Reibungsprüfung charakteristische Reibkraftperioden, die dadurch gekennzeichnet sind, daß die Fadenabschnitte von den Umkehrpunkten der Fadenverlegung einen höheren Reibungskoeffizienten besitzen als solche von den Mittelteilen der Verlegung [15, 16].
Die Ergebnisse von Reibungsprüfungen an einem Polyamidfaden 44,5 f 9 dtex in Differentialwicklung (A), einem weiteren 77,8 f 20 dtex in Flyerwicklung (B) und einem dritten 77,8 f 17 dtex in kombinierter Kötzerwicklung (C) zeigt die Abb. 28. Diagramm A weist einen schwach periodischen Verlauf bei einer verhältnismäßig starken Streuung der Reibkraftwerte auf. Die Perioden entsprechen dabei den Verlegungen auf dem Cop. Nur die Garnstücke an den obersten (H_0) und untersten (H_u) Endpunkten der Hubverlegung bei der Differentialwicklung führen zu geringen Maxima der Reibkraft. Dagegen besitzt der Kurvenzug in Diagramm B Reibkraftspitzen, die jeweils beim Erreichen des oberen (h_0) und unteren (h_u) Umkehrpunktes auftreten und deren Höhen starken Schwankungen unterliegen. Diagramm C zeigt Reibkraftspitzen an den unteren Endpunkten h_u der Verlegung. Fadenstücke von der oberen Hubumkehr ergeben nur dann Reibungsmaxima, wenn die Fadenverlegung den größten Hub (H_0) erreicht.
Die Reibeigenschaften der drei Materialien spiegeln sich in den Zugkraftdiagrammen wider, die beim Fadenabzug vom Streckcop bzw. unter Verwendung des Savi-Gerätes sowie bei Einordnung verschiedener Bremsen (A, F, H) in den Fadenlauf – mit dem trägen Registriergerät – aufgenommen wurden. Der Streckzwirn in Differentialwicklung zeigt im ersteren Fall Zugkraftspitzen jeweils bei h_u, die ihren größten Wert bei H_u erreichen und dazwischen (H_0) fast auf Null abfallen (Abb. 29, oberes Diagramm). Ein ähnlicher Verlauf bei stark erhöhten Kräften ergibt sich mit einer Umschlingungsbremse. Die in diesem Diagramm im Bereich des obersten Umkehrpunktes H_0 auftretenden Zwischenmaxima sind möglicherweise auf die geringen Reibkrafterhöhungen an diesen Stellen zurückzuführen. Durch Einschalten der Teller- oder der magnetischen

Rotationsbremse lassen sich die Zugkraftschwankungen im Verhältnis zur Grundkraft wesentlich abschwächen.

Wird der Faden über das Savi-Gerät abgezogen, so fallen die Einflüsse der Fadenverlegung auf dem Cop fort (Abb. 30). Die Zugkraftdiagramme besitzen einen relativ glatten Verlauf und zeigen keine periodischen Änderungen.

Die Reibkraftspitzen des Polyamidfadens mit bikonischer Parallelwicklung äußern sich beim Einsatz der Umschlingungsbremse in unregelmäßigen, teilweise ausbleibenden scharfen Spitzen, die den breiten Maxima der reinen Abzugskraft an den unteren Umkehrpunkten h_u überlagert sind bzw. zwischen diesen (h_0) auftreten (Abb. 31). Dagegen bewirken die anderen beiden Bremsentypen eine Vergleichmäßigung. Ein Abziehen des Fadens über das Savi-Gerät (Abb. 32) führt dazu, daß ausschließlich die Einflüsse der Oberflächeneigenschaften durch Reibung an der Umlenköse, in der Fadenbremse und am Meßkopf sichtbar werden. Die unregelmäßigen Spitzen in den oberen beiden Diagrammen entsprechen den unterschiedlichen Reibkraftmaxima in Abb. 28. Nur die größten dieser Spitzen sind hinter der Tellerbremse noch schwach zu erkennen, während eine völlige Glättung des Zugkraftverlaufes durch die Rotationsbremse erfolgt.

Auf die Verwendung der beiden letzten Bremsen wurde bei dem dritten Fadenmaterial verzichtet (Abb. 33). Entsprechend der in einem Verlegungshub enthaltenen unterschiedlichen Fadenlänge variiert der Abstand zwischen den Kraftspitzen im Diagramm »Abzug vom Streckcop« zwischen einem größten und einem kleinsten Wert. Dieses Bild findet sich auch im zweiten Diagramm von oben wieder. Jedoch treten hier im Bereich um H_0 zwischen den dort am weitesten auseinandergerückten Kraftspitzen der unteren Umkehrpunkte h_u kleine Zwischenmaxima auf, die durch den hohen Reibungskoeffizienten der Fadenlagen bei H_0 verursacht werden. Der Einsatz des Savi-Gerätes führt wieder zum Fortfall des Einflusses unterschiedlicher Ablaufverhältnisse am Spulenkörper, während die Reibkraftmaxima an den Umkehrpunkten wie bereits in Abb. 32 Spitzen der Fadenabzugskraft hervorrufen.

4.2.3 Kraft–Dehnungs-Messungen

Wie aus verschiedenen Abbildungen im Abschnitt 4.2.1 hervorgeht, können die hinter Fadenbremsen auftretenden Fadenzugspitzen wesentlich über den mittleren Zugkräften liegen. Die Unterschiede zwischen diesen Spitzenwerten und den mit einfachen Handfadenspannungsmessern oder elektronischen Meßeinrichtungen in Verbindung mit relativ trägen Registriersystemen bestimmten Mittelkräften erreichen noch erheblich höhere Werte, wenn die Kraft innerhalb jedes Belastungszyklus kurzzeitig auf Null fällt, das heißt der Faden verschlappt.

Der in Abb. 34 wiedergegebene Zugkraftverlauf in einem Reyonfaden wurde an einem »Pulsograph« [19, 20] aufgenommen. Mit diesem Gerät ist es möglich, einen eingespannten, unter einer konstanten Mittelkraft stehenden Faden einer Wechseldehnung konstanter Frequenz und Amplitude zu unterziehen. Bei dem Versuch zu Abb. 34 waren die Einstellungen am »Pulsograph« so gewählt, daß der Faden periodisch verschlappte und die Mittelkraft durch die Spitzenwerte um ein Mehrfaches übertroffen wurde.

Wieweit eine Fehlbeurteilung der Fadenbeanspruchung entstehen kann, wenn an Stelle der tatsächlichen Fadenzugspitzen nur die Mittelkraft gemessen wird, geht aus den folgenden Abb. 35 und 36 hervor. Die in Abb. 35 gezeigten Kraft–Längenänderungs-Kurven wurden an Fadenabschnitten (Reyon 66,6 f 18 dtex) bestimmt, die jeweils 3 Minuten lang einer konstanten Kraft von 10, 15 oder 20 p unterworfen waren. In

keinem Fall äußert sich diese Vorbeanspruchung in einem vom Ausgangsmaterial wesentlich abweichenden Verhalten. Wechselbelastungen gleicher Dauer und Mittelkraft, bei denen die Spitzenkräfte mit ca. 40–60 p das charakteristische »Knie« in der Kraft–Längenänderungs-Kurve des unbehandelten Fadenmaterials erreichten bzw. überschritten, führten dagegen zu einem merklichen Rückgang der Reißdehnung bzw. zu einem veränderten Kurvenverlauf (Abb. 36).
Die Ergebnisse dieser Modellversuche lassen sich auch auf Fadenzugkraftmessungen an Fadenbremsen übertragen, wenngleich die Verhältnisse dort, abgesehen von Extremfällen, günstiger liegen. Ebenso wie die mehr oder weniger regelmäßigen Kraftänderungen relativ hoher Frequenz sind hier auch vereinzelt auftretende Kraftspitzen von Bedeutung. Derartige, durch eine plötzliche Ablaufhemmung am Spulenkörper, den Durchgang einer Fadenverdickung durch die Bremse oder andere Vorgänge ausgelöste kurzzeitige Anspannungen können zu Überdehnungen einzelner Fadenstücke führen. Auch ihre Bestimmung entzieht sich den Möglichkeiten des »trägen« Meßgerätes.
Diese Überlegungen zeigen einmal mehr, wie problematisch die Fadenzugmessung an Textilmaschinen überhaupt ist und welche Fehler möglicherweise im Garn bzw. später in der Fertigware auftreten, obwohl die routinemäßig durchgeführte Kontrolle völlig normale Verhältnisse ergab.

5. Zusammenfassung

Zur Erzielung der für die Verarbeitung von Garnen und Zwirnen notwendigen Fadenzugkräfte werden an den Produktionsmaschinen Fadenbremsen eingesetzt, die nach verschiedenen Prinzipien aufgebaut sind. Teller- und Rotations-Fadenbremsen besitzen eine additive Funktion, das heißt die eingestellte Bremskraft addiert sich zu der vor der Bremse herrschenden Zugkraft. Der Zulaufkraft überlagerte Kraftschwankungen erscheinen hinter der Bremse im Verhältnis zur Mittelkraft verkleinert. Ungünstiger im Hinblick auf Fadenbeanspruchungen durch Kraftspitzen sind die »multiplikativen« Umschlingungsbremsen, bei denen die Änderungen der Zulaufkraft hinter der Bremse relativ zur Mittelkraft erhalten bleiben.
Aufgabe der vorliegenden Arbeit war es, die Wirkungsweise verschiedener Teller-, Umschlingungs-, kombinierter Teller-/Umschlingungs- und Rotationsbremsen beim Fadenabzug von Reyon- und Polyamid-Endlos-Kreuzspulen mit verschiedenen Geschwindigkeiten aufzuzeigen. Dabei ergab sich, daß – wie schon aus den theoretischen Überlegungen zu erwarten war – bei Umschlingungsbremsen die durch den Ablauf von der Spule verursachten Zugkraftänderungen und der Kraftanstieg bei Erhöhung der Fadenabzugsgeschwindigkeit am stärksten ins Gewicht fällt. Der geringste Einfluß bzw. die gleichmäßigste Fadenzugkraft zeigte sich an einer Rotationsbremse mit Permanentmagnet. Die Auswirkungen der Fadenverlegung auf dem Garnkörper und im wesentlichen auch die der Fadengeschwindigkeit lassen sich mit einem Savi-Fadenspannungsausgleichapparat ausschalten. Die in Verbindung mit diesem Gerät an den Bremsen vorgenommenen Messungen ergaben eine weitgehende Verminderung der Unterschiede zwischen den einzelnen Bremsentypen.
Endlosfäden von Streckcops, insbesondere Polyamidmaterialien, weisen als Charakteristikum bei einer Reibungsprüfung häufig Reibkraftperioden auf, die mit der Fadenverlegung auf dem Cop übereinstimmen. Diese äußern sich beim Fadenabzug direkt

vom Cop über irgendwelche Umlenkkörper, beispielsweise die Umlenkstifte an einem Kraftmeßkopf, als Fadenzugkraftperioden, die sich den durch die Fadenverlegung auf dem Streckcop bedingten Zugkraftänderungen überlagern bzw. teilweise mit ihnen zusammenfallen. Eine Trennung der verschiedenen Einflüsse läßt sich erreichen, wenn der Faden unter Zwischenschaltung eines Savi-Gerätes abgewunden wird. Versuche mit dem Savi-Gerät an Streckcops verschiedener Wicklungsart (Differential-, bikonische Parallel- und kombinierte Kötzerwicklung) ergaben eine klare Übereinstimmung der hierbei beobachteten Zugkraftperioden mit den periodischen Änderungen der Reibeigenschaften der Fadenmaterialien.
Zur Bestimmung des Einflusses von Zugbeanspruchungen auf die Kraft–Dehnungs-Eigenschaften eines Reyonfadenmaterials wurden Kraft–Längenänderungs-Kurven an Fadenabschnitten, die vorher definierten Wechseldehnungen bei konstanter Mittelkraft unterworfen worden waren, aufgenommen. Diese Modellversuche zeigten, daß durch kurze Kraftspitzen, wie sie ähnlich auch hinter Fadenbremsen auftreten, starke Veränderungen der Fadeneigenschaften hervorgerufen werden können, während Messungen der relativ zu den Spitzen niedrigen Mittelkräfte mit normalerweise verwendeten »trägen« Zugkraftmeßgeräten keine Schädigung erwarten lassen.

6. Literaturverzeichnis

[1] de Riz, O., Fadenspannung, ihre Messung und Anwendung in der Verarbeitungstechnik. Melliand Textilber. **37** (1956), S. 1371.

[2] Catlow, M. G., und G. W. Walls, A study of stress distribution in pirns. J. Text. Inst. **53** (1962), S. T 410.

[3] Stein, H., H. v. d. Weyden, W. Rohs und H. Griese, Untersuchungen an Spulvorrichtungen in der Leinen- und Halbleinenspulerei. Forschungsbericht Nr. 654 des Landes Nordrhein-Westfalen (1958), Westdeutscher Verlag, Köln und Opladen.

[4] Weise, Neue Fadenbremsen für Schär- und Zettelgatter. VDI-Nachr., Düsseldorf, **17** (1963), S. 4; Dt. Textiltechnik **15** (1965), S. 278.

[5] Ullrich, E., Über die Schußfadenspannung beim Weben. Melliand Textilber. **20** (1939), S. 489.

[6] Wegener, W., und G. Schubert, Das Kreuzspulen synthetischer Garne mit hohen Garn-Abzugsgeschwindigkeiten. Melliand Textilber. **44** (1963), S. 798, 926; **46** (1965), S. 18, 123, 250.

[7] Wegener, W., und G. Schubert, Zur Systematik der Reibungsmessungen. Zeitschr. ges. Textilind. **66** (1964), S. 636.

[8] Wegener, W., und G. Schubert, Die Beeinflussung der relativ langzeitigen Fadenzugkraft-Unterschiede durch Fadenbremsen. Zeitschr. ges. Textilind. **70** (1968), S. 537, 691.

[9] Dyer, R. F., W. G. Fair und R. L. Beard, Some factors influencing yarn tension in warping. Text. Res. J. **22** (1952), S. 487.

[10] Schneider, J., Studien und Untersuchungen über den Einsatz synthetischer Garne im Webereibetrieb. Reyon, Zellwolle u. a. Chemiefasern **9** (1959), S. 522, 603, 667.

[11] Kalkmann, J. A., The properties of yarn tension brakes. Rayon Revue 7 (1953), S. 54; **8** (1954), S. 54. – The behaviour of yarn tensioners during pirn winding. Rayon Revue **9** (1955), S. 67.

[12] Quintelier, G., und R. Saels, Examination of tensioning devices by means of ultrarapid tensiometer. Ann. Sci. Text. Belges (1955), S. 31.

[13] CREMER, J., Elektronische Fadenspannungsmessungen an Wirk- und Strickmaschinen. Wirk- u. Strick-Technik **12** (1962), S. 592.

[14] CREMER, J., Elektronische Fadenspannungsmessungen – Möglichkeiten und Erkenntnisse. Textil-Praxis **16** (1961), S. 906.

[15] STEIN, H., und H. v. D. WEYDEN, Meßtechnische Untersuchungen über die vom Aufwindeprozeß beim Streckzwirnverfahren herrührenden Veränderungen der Kraft–Dehnungs-Eigenschaften und der Oberflächenbeschaffenheit von vollsynthetischen Fadenmaterialien. Forschungsbericht Nr. 1881 des Landes Nordrhein-Westfalen, Westdeutscher Verlag, Köln und Opladen (1968).

[16] v. D. WEYDEN, H., Das Dehnungsverhalten und die Oberflächenbeschaffenheit von Polyamid-Material. Zeitschr. ges. Textilind. **70** (1968), S. 301.

[17] STEIN, W., und S. HOBE, Ausgleich von Zugkraftschwankungen beim raschen Fadenabzug von Spulenkörpern. Textil-Praxis **24** (1969), S. 72.

[18] WEGENER, W., und G. SCHUBERT, Die beim Abzug von Streckcops entstehende Ablauf-Fadenzugkraft und ihre Veränderung durch Fadenbremsen. Zeitschr. ges. Textilind. **70** (1968), S. 305, 368.

[19] STEIN, H., und A. ERKENS, Auswirkung der Avivierung von Zellwollfasern auf die Bandhaftung und die Gespinstfestigkeit. Zeitschr. ges. Textilind. **67** (1965), S. 869.

[20] STEIN, W., und S. HOBE, Untersuchungen über die Eignung verschiedener Meßverfahren zur Ermittlung von gleichförmig verlaufenden und von langsam oder rasch pulsierenden Fadenspannungen. Forschungsbericht Nr. 2011 des Landes Nordrhein-Westfalen, Westdeutscher Verlag, Köln und Opladen (1969).

7. Abbildungsanhang

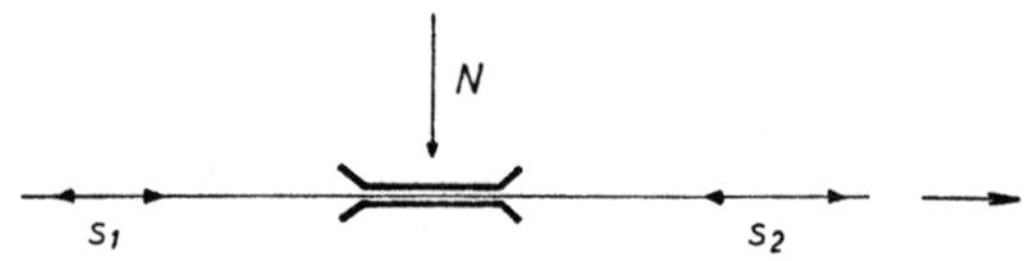

Abb. 1 Tellerbremse

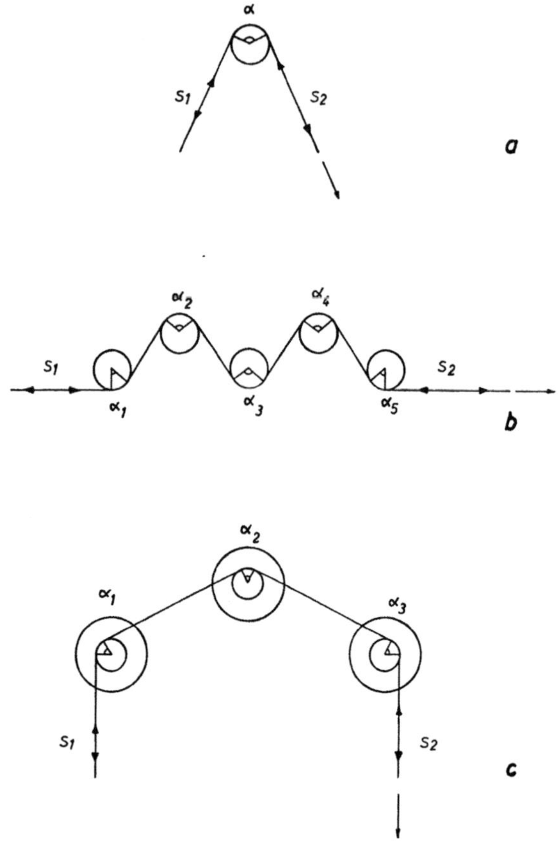

Abb. 2 Umschlingungsbremsen
kombinierte Teller-Umschlingungsbremse

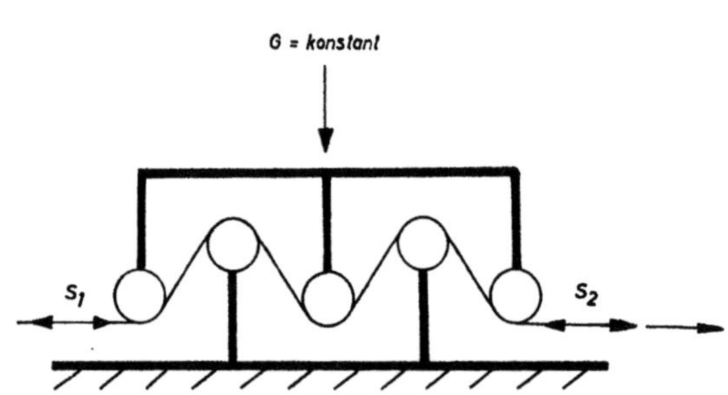

Abb. 3 Kompensationsbremse

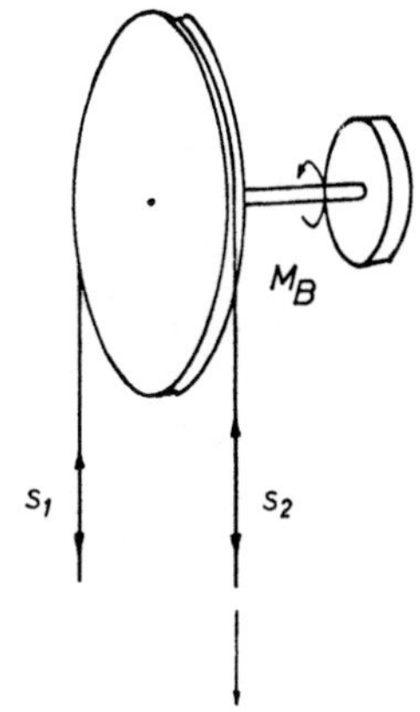

Abb. 4 Rotationsbremse

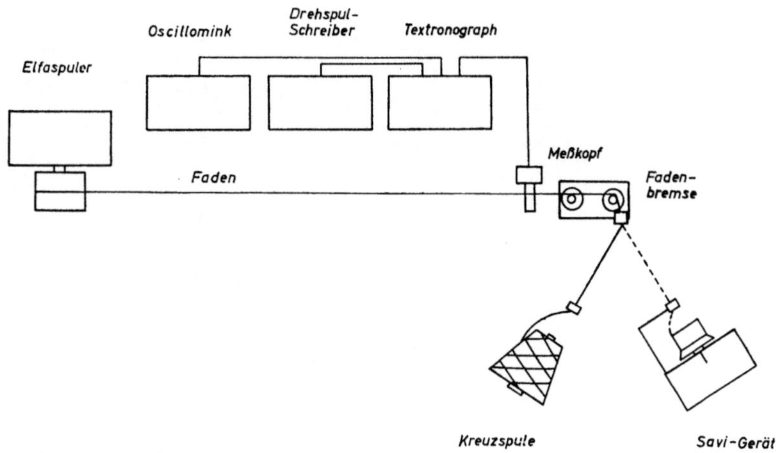

Abb. 5 Fadenbremsen-Prüfstand

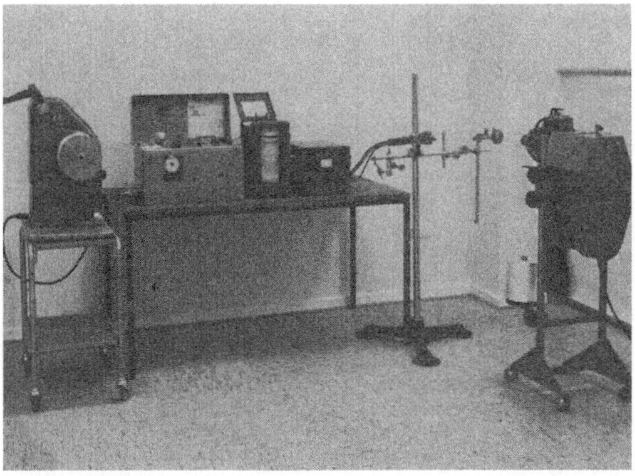

Abb. 6 Ansicht des Prüfstandes

Abb. 7 Fadenspannungsausgleichapparat

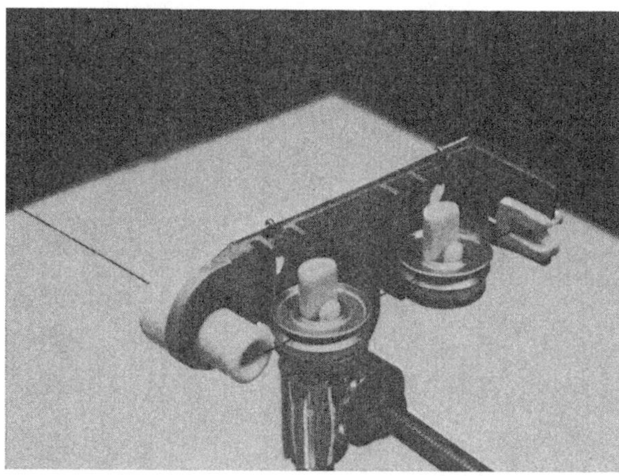

Abb. 8 Fadenbremsen A, B

Abb. 9 Fadenbremse C

Abb. 10 Fadenbremse D

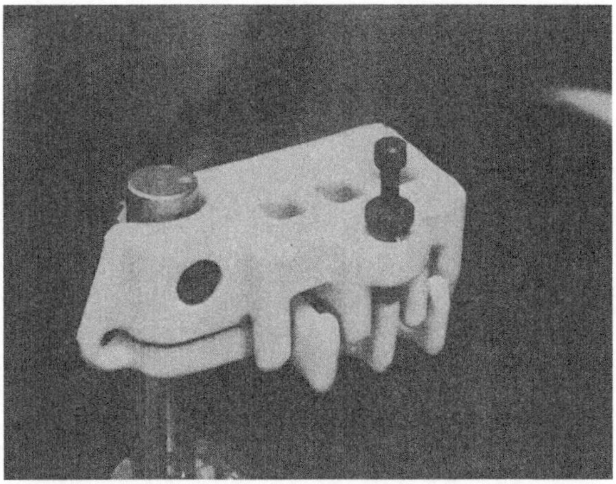

Abb. 11 Fadenbremse E

Abb. 12 Fadenbremse F

Abb. 13 Fadenbremse G

Abb. 14 Fadenbremse H

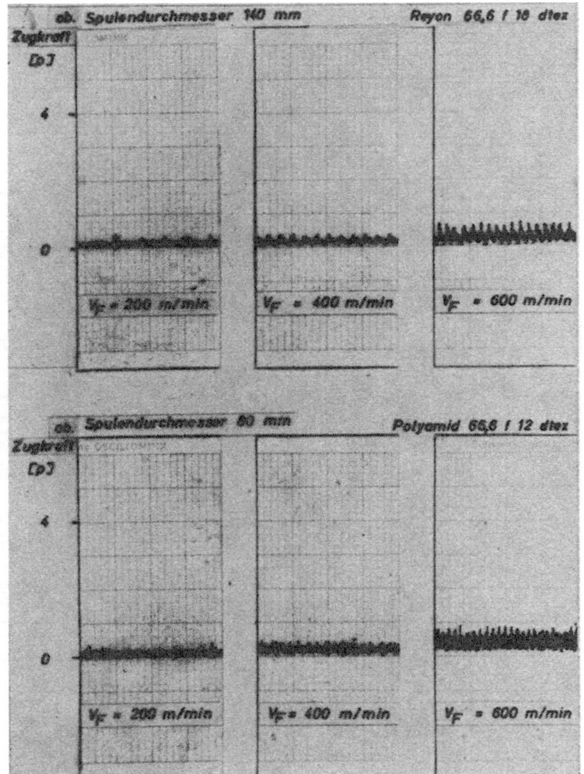

Abb. 15 Fadenzugkraft beim Abzug von einer vollen Kreuzspule

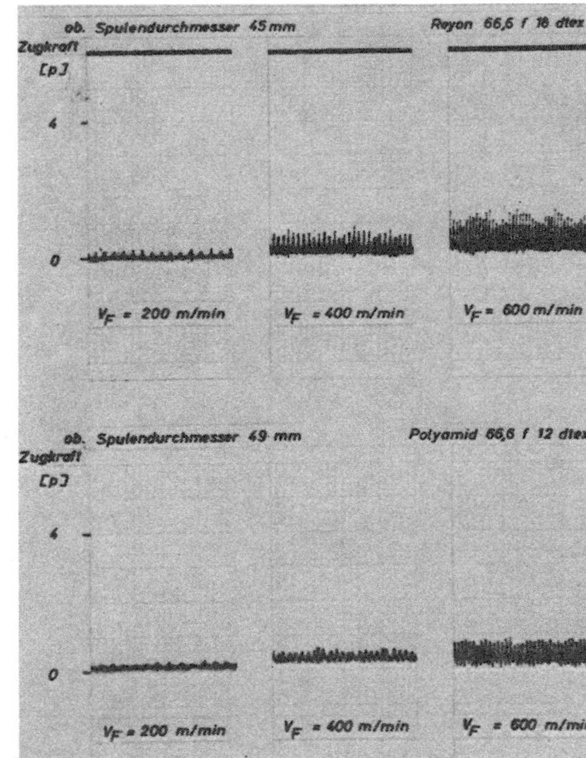

Abb. 16 Fadenzugkraft beim Abzug von einer annähernd leeren Kreuzspule

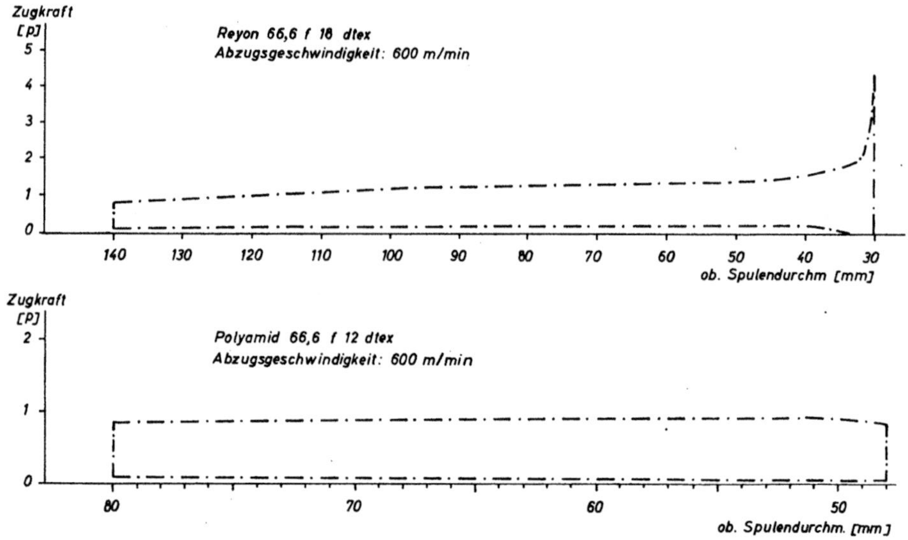

Abb. 17 Fadenzugkraft beim Abzug von einer Kreuzspule in Abhängigkeit vom Spulendurchmesser

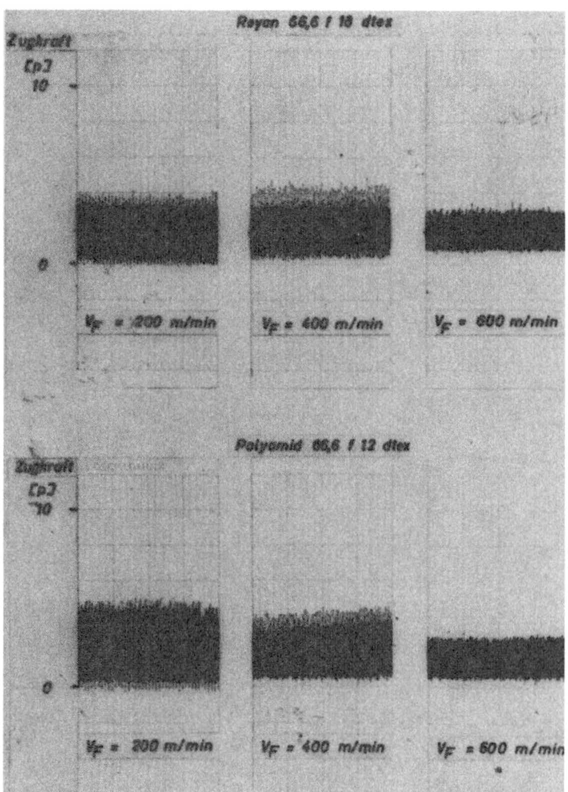

Abb. 18 Fadenzugkraft beim Abzug über Savi

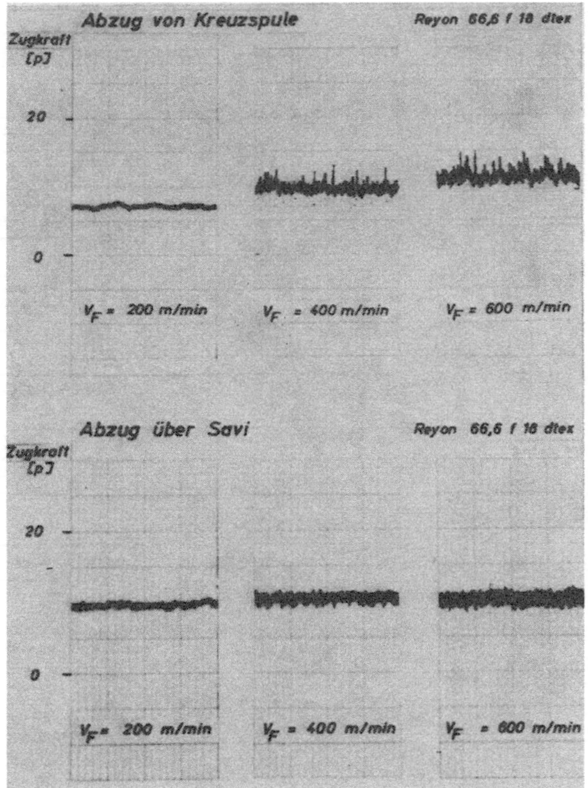

Abb. 19 Fadenzugkraft hinter einer Tellerbremse (A)

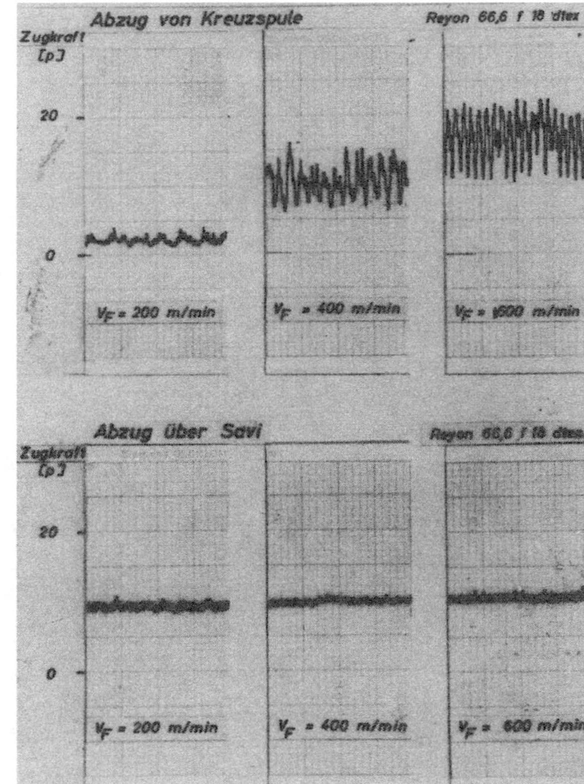

Abb. 20 Fadenzugkraft hinter einer Umschlingungsbremse (F)

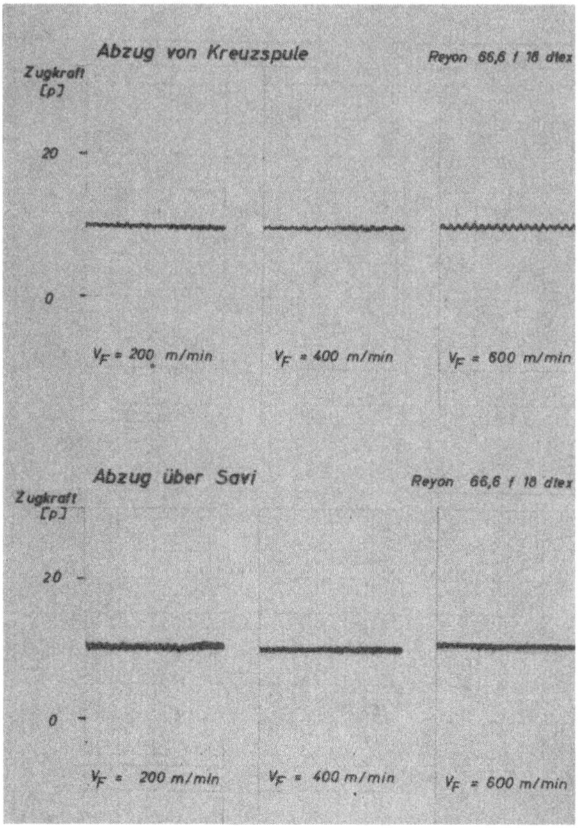

Abb. 21 Fadenzugkraft hinter einer Rotationsbremse (H)

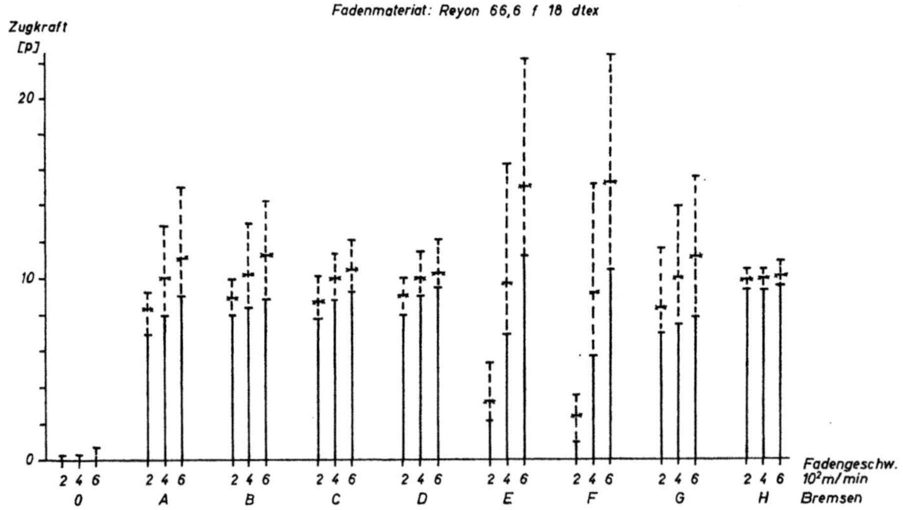

Abb. 22 Fadenzugkraft beim Abziehen über eine Fadenbremse (Abzug von Kreuzspule)

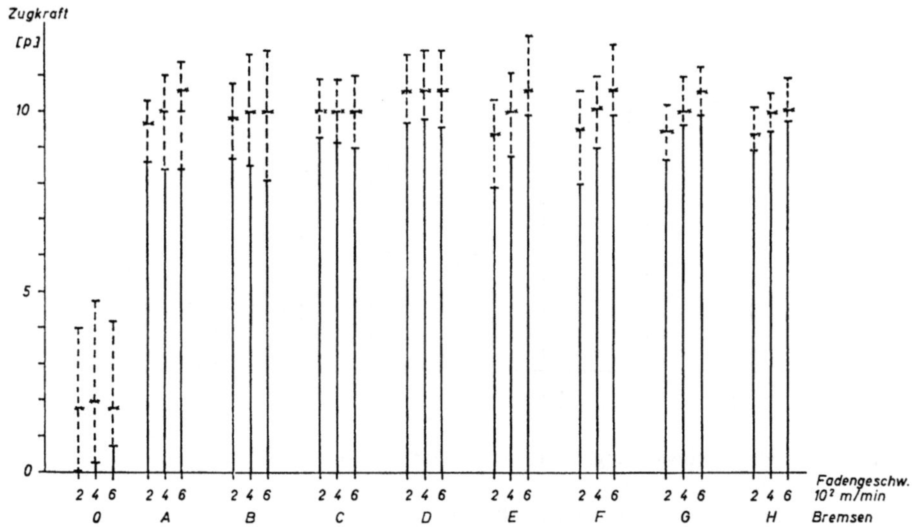

Abb. 23 Fadenzugkraft beim Abziehen über eine Fadenbremse
(Abzug über Savi)
Fadenmaterial: Reyon 66,6 f 18 dtex

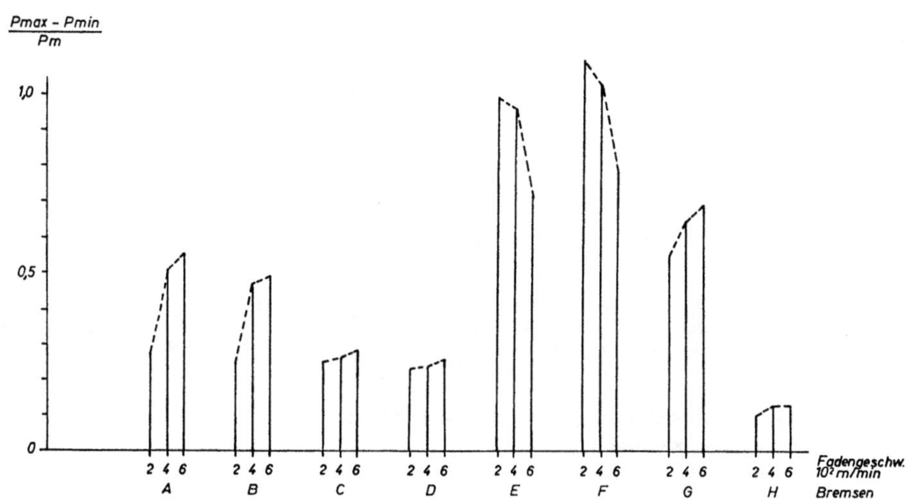

Abb. 24 Relative Schwankungsbreite der Fadenzugkraft
(Abzug von Kreuzspule)
Fadenmaterial: Reyon 66,6 f 18 dtex

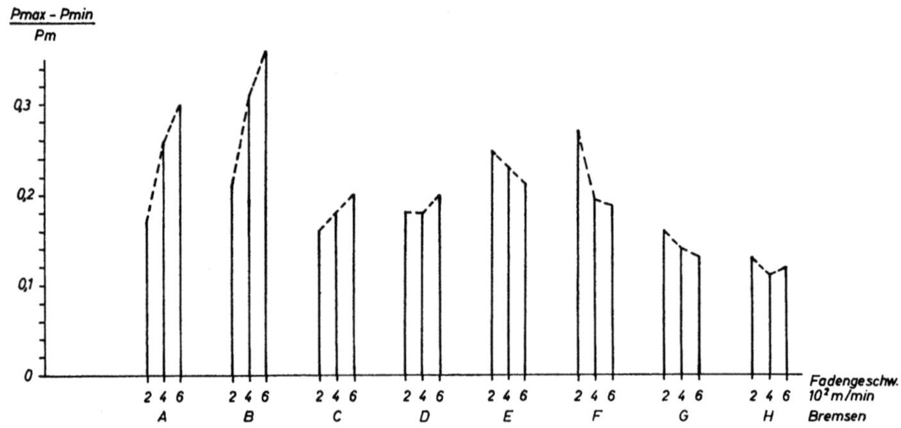

Abb. 25 Relative Schwankungsbreite der Fadenzugkraft
(Abzug über Savi)
Fadenmaterial: Reyon 66,6 f 18 dtex

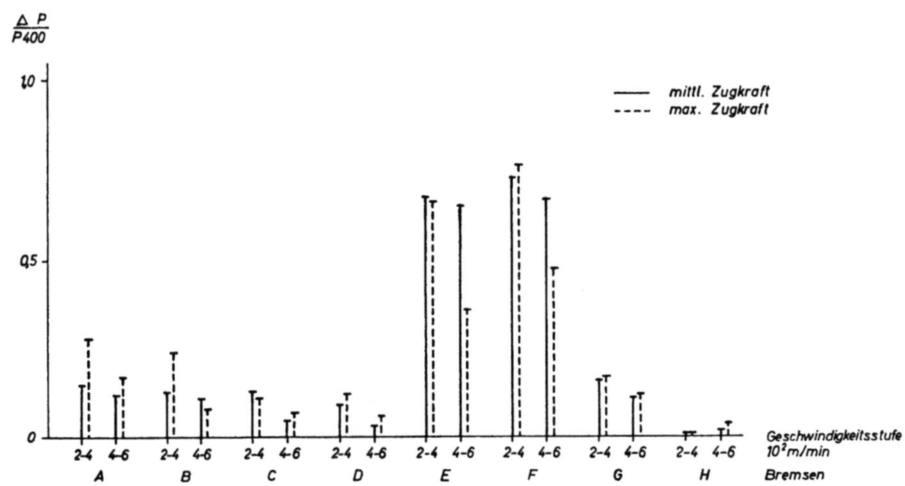

Abb. 26 Geschwindigkeitsabhängigkeit der Fadenzugkraft
(Abzug von Kreuzspule)
Fadenmaterial: Reyon 66,6 f 18 dtex

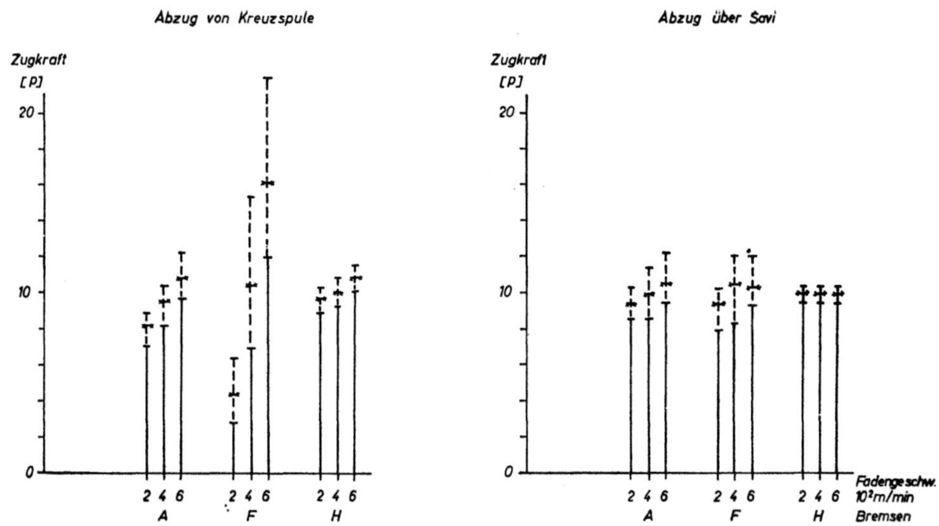

Abb. 27 Fadenzugkraft beim Abziehen über eine Fadenbremse
Fadenmaterial: Polyamid 66,6 f 12 dtex

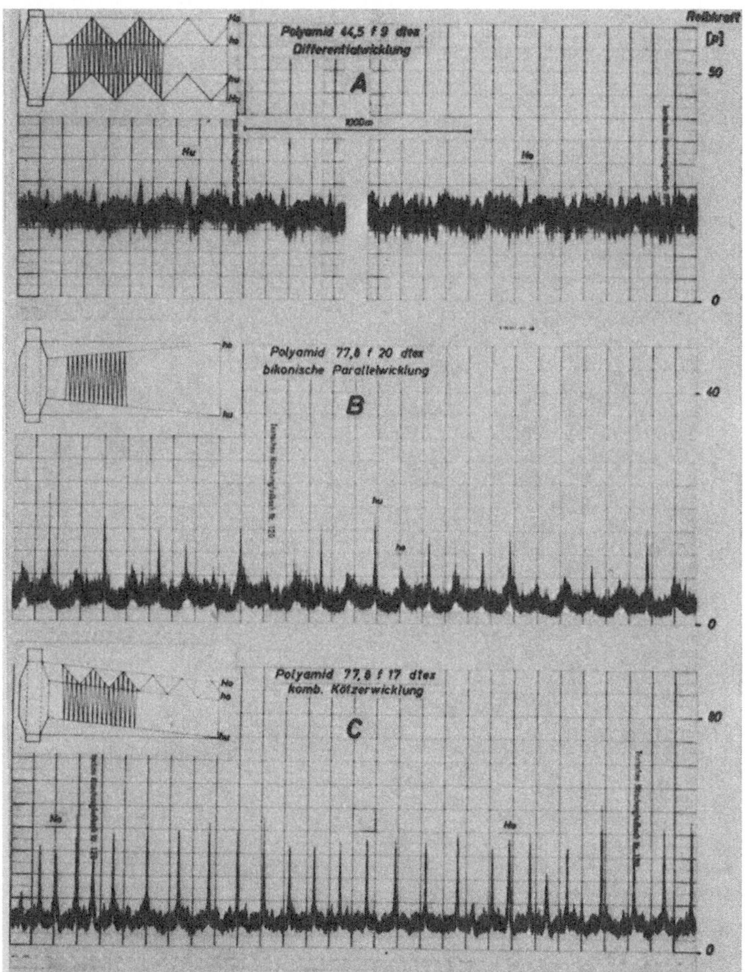

Abb. 28 Reibkraftprüfung

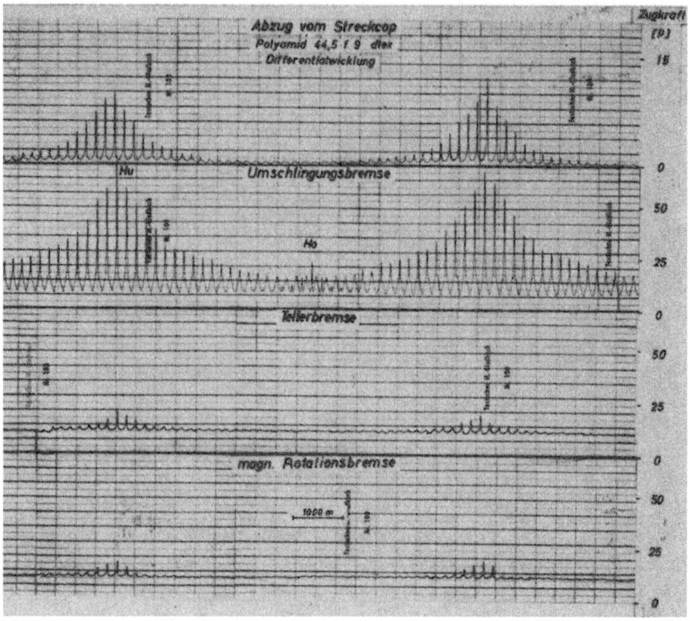

Abb. 29 Abzug vom Streckcop

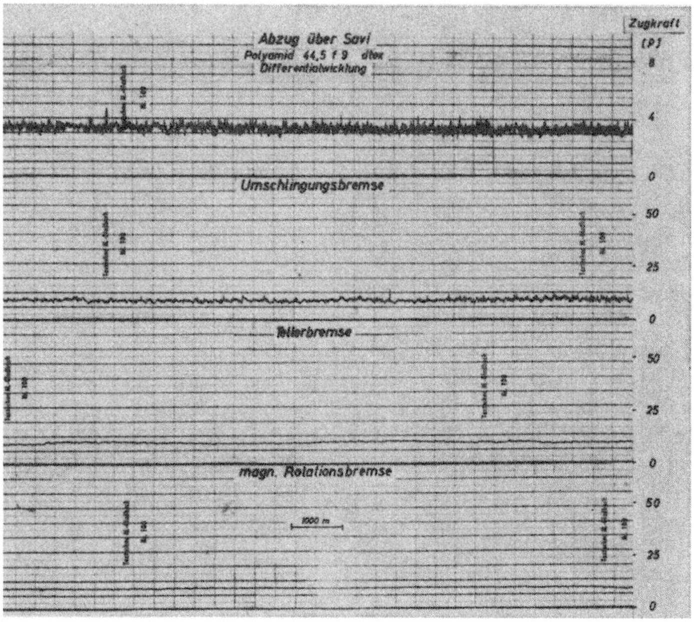

Abb. 30 Abzug über Savi

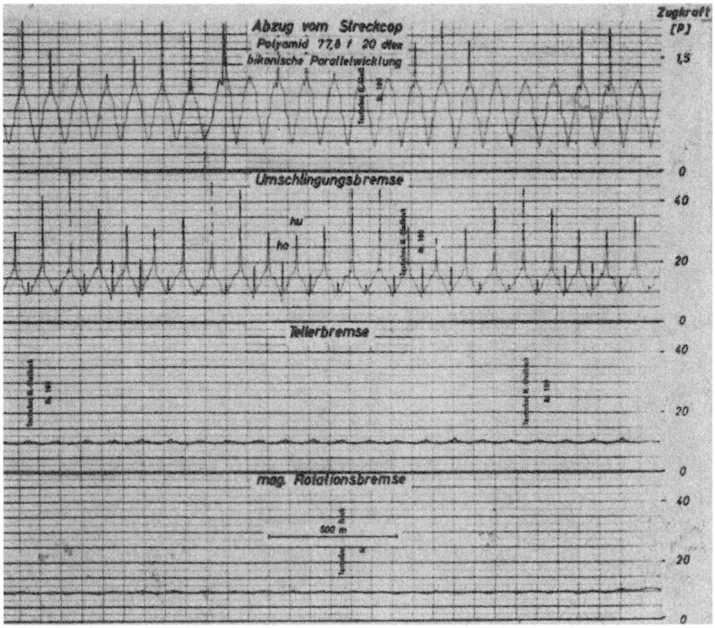

Abb. 31 Abzug vom Streckcop

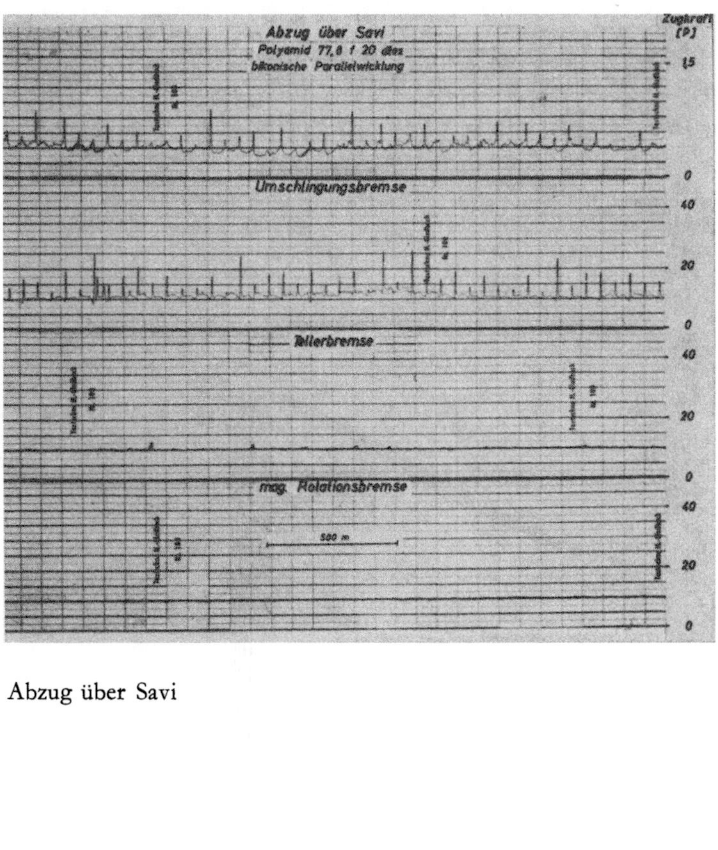

Abb. 32 Abzug über Savi

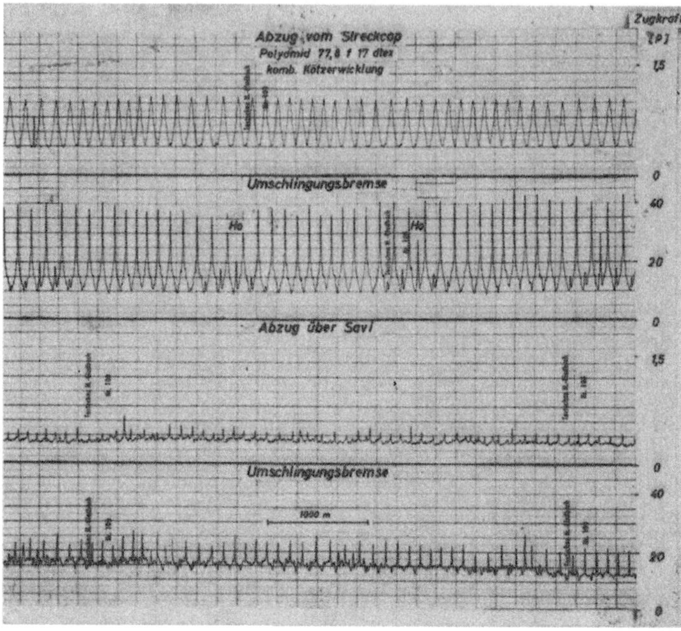

Abb. 33 Abzug vom Streckcop und über Savi

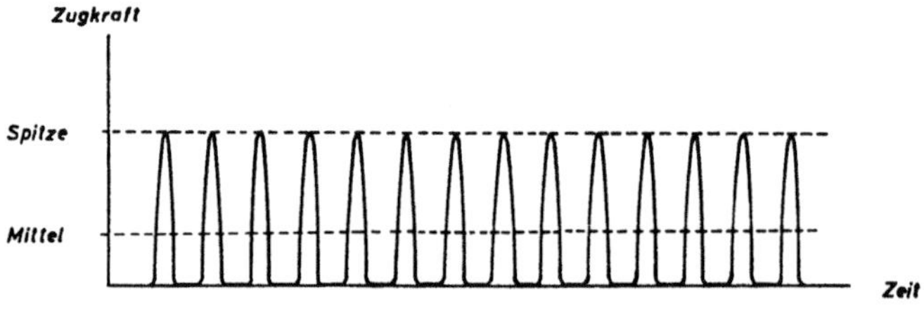

Abb. 34 Zugkraftverlauf bei der Wechseldehnung am Pulsograph

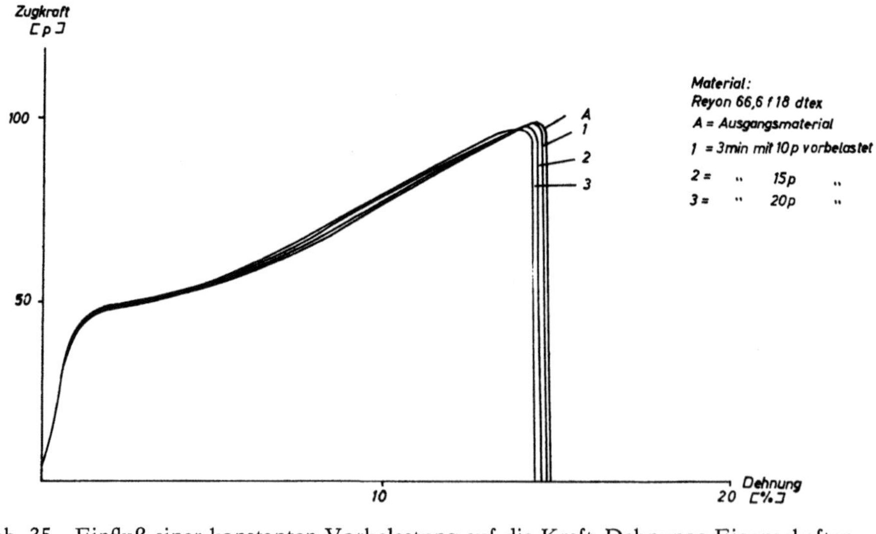

Abb. 35 Einfluß einer konstanten Vorbelastung auf die Kraft–Dehnungs-Eigenschaften

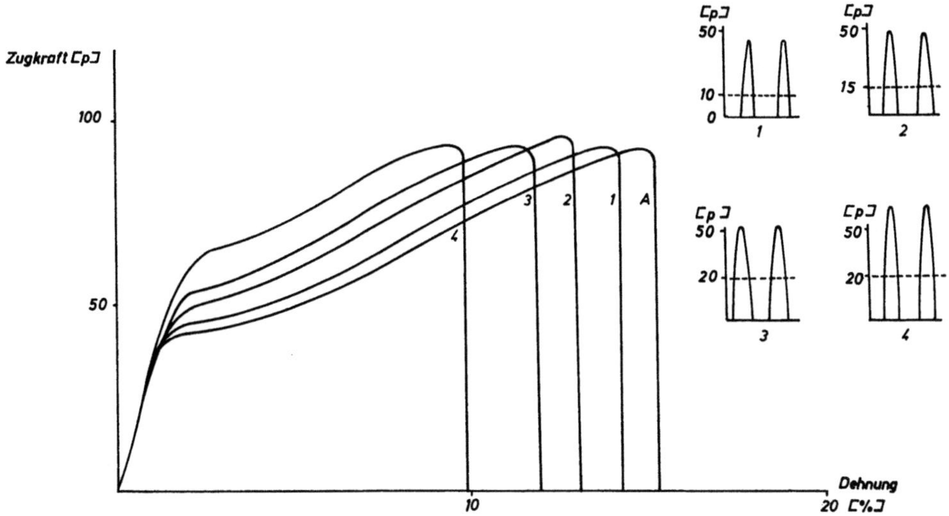

Abb. 36 Einfluß einer Wechselbelastung auf die Kraft–Dehnungs-Eigenschaften
Material: Reyon 66,6 f 18 dtex
Dauer der Wechselbelastung: 3 min
Frequenz der Wechselbelastung: 10 Hz

Forschungsberichte des Landes Nordrhein-Westfalen

Herausgegeben im Auftrage des Ministerpräsidenten Heinz Kühn
von Staatssekretär Professor Dr. h. c. Dr. E. h. Leo Brandt

Sachgruppenverzeichnis

Acetylen · Schweißtechnik
Acetylene · Welding gracitice
Acétylène · Technique du soudage
Acetileno · Técnica de la soldadura
Ацетилен и техника сварки

Arbeitswissenschaft
Labor science
Science du travail
Trabajo científico
Вопросы трудового процесса

Bau · Steine · Erden
Constructure · Construction material · Soil research
Construction · Matériaux de construction · Recherche souterraine
La construcción · Materiales de construcción · Reconocimiento del suelo
Строительство и строительные материалы

Bergbau
Mining
Exploitation des mines
Minería
Горное дело

Biologie
Biology
Biologie
Biologia
Биология

Chemie
Chemistry
Chimie
Quimica
Химия

Druck · Farbe · Papier · Photographie
Printing · Color · Paper · Photography
Imprimerie · Couleur · Papier · Photographie
Artes gráficas · Color · Papel · Fotografía
Типография · Краски · Бумага · Фотография

Eisenverarbeitende Industrie
Metal working industry
Industrie du fer
Industria del hierro
Металлообрабатывающая промышленность

Elektrotechnik · Optik
Electrotechnology · Optics
Electrotechnique · Optique
Electrotécnica · Optica
Электротехника и оптика

Energiewirtschaft
Power economy
Energie
Energía
Энергетическое хозяйство

Fahrzeugbau · Gasmotoren
Vehicle construction · Engines
Construction de véhicules · Moteurs
Construcción de vehículos · Motores
Производство транспортных средств

Fertigung
Fabrication
Fabrication
Fabricación
Производство

Funktechnik · Astronomie
Radio engineering · Astronomy
Radiotechnique · Astronomie
Radiotécnica · Astronomía
Радиотехника и астрономия

Gaswirtschaft
Gas economy
Gaz
Gas
Газовое хозяйство

Holzbearbeitung
Wood working
Travail du bois
Trabajo de la madera
Деревообработка

Hüttenwesen · Werkstoffkunde
Metallurgy · Materials research
Métallurgie · Materiaux
Metalurgia · Materiales
Металлургия и материаловедение

Kunststoffe
Plastics
Plastiques
Plásticos
Пластмассы

Luftfahrt · Flugwissenschaft
Aeronautics · Aviation
Aéronautique · Aviation
Aeronáutica · Aviación
Авиация

Luftreinhaltung
Air-cleaning
Purification de l'air
Purificación del aire
Очищение воздуха

Maschinenbau
Machinery
Construction mécanique
Construcción de máquinas
Машиностроительство

Mathematik
Mathematics
Mathématiques
Mathemáticas
Математика

Medizin · Pharmakologie
Medicine · Pharmacology
Médecine · Pharmacologie
Medicina · Farmacología
Медицина и фармакология

NE-Metalle
Non-ferrous metal
Metal non ferreux
Metal no ferroso
Цветные металлы

Physik
Physics
Physique
Física
Физика

Rationalisierung
Rationalizing
Rationalisation
Racionalización
Рационализация

Schall · Ultraschall
Sound · Ultrasonics
Son · Ultra-son
Sonido · Ultrasónico
Звук и ультразвук

Schiffahrt
Navigation
Navigation
Navegación
Судоходство

Textilforschung
Textile research
Textiles
Textil
Вопросы текстильной промышленности

Turbinen
Turbines
Turbines
Turbinas
Турбины

Verkehr
Traffic
Trafic
Tráfico
Транспорт

Wirtschaftswissenschaften
Political economy
Economie politique
Ciencias económicas
Экономические науки

Einzelverzeichnis der Sachgruppen bitte anfordern

Springer Fachmedien Wiesbaden GmbH

GPSR Compliance

The European Union's (EU) General Product Safety Regulation (GPSR) is a set of rules that requires consumer products to be safe and our obligations to ensure this.

If you have any concerns about our products, you can contact us on ProductSafety@springernature.com

In case Publisher is established outside the EU, the EU authorized representative is:

Springer Nature Customer Service Center GmbH
Europaplatz 3
69115 Heidelberg, Germany

Batch number: 10584556

Printed by Printforce, the Netherlands